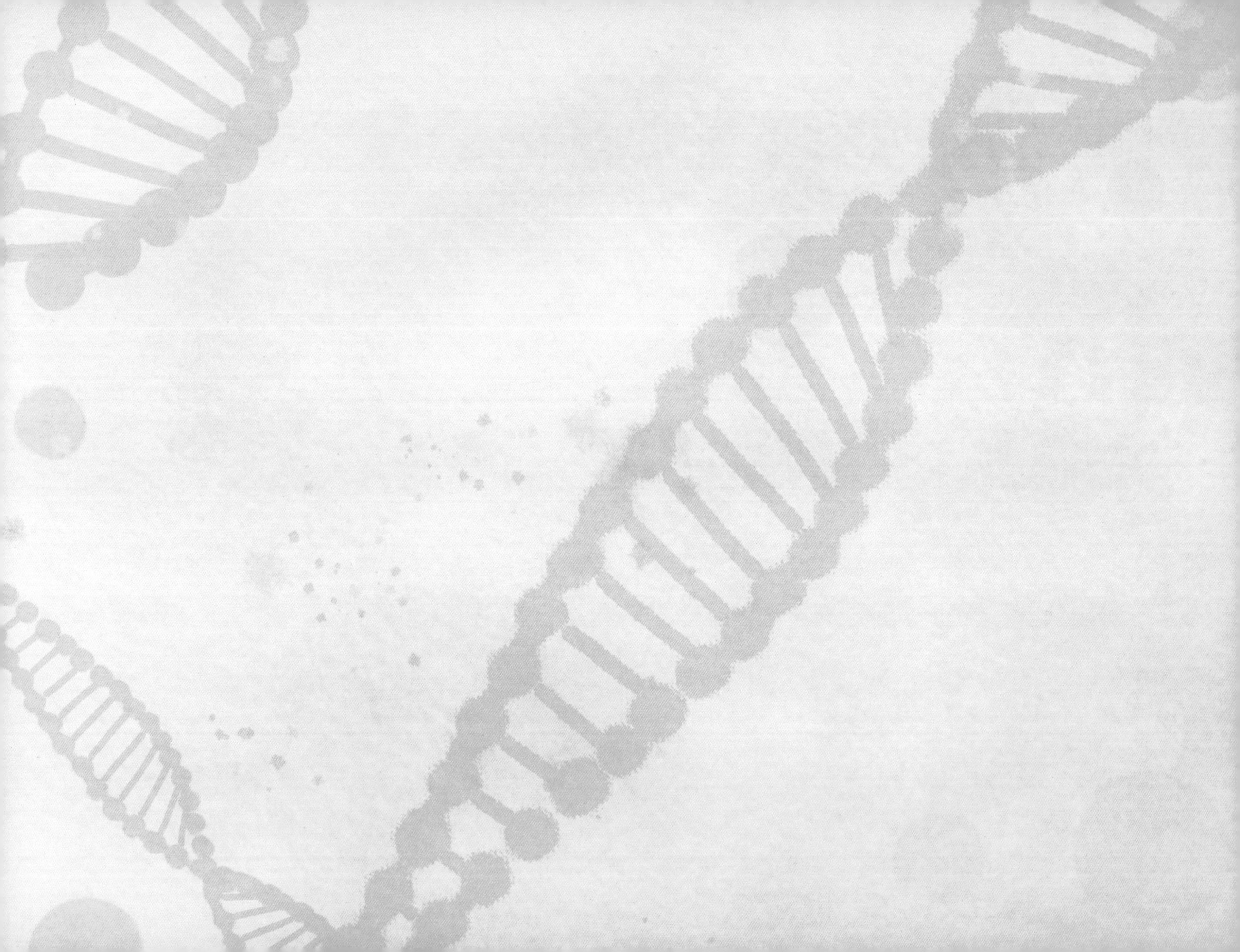

你不知道的超级入侵生物

马铃薯甲虫漂流记

郑斯竹 主编
赵器宇 绘画

浙江科学技术出版社

图书在版编目（CIP）数据

你不知道的超级入侵生物：马铃薯甲虫漂流记 / 郑斯竹主编；赵器宇绘．— 杭州：浙江科学技术出版社，2023.4

ISBN 978-7-5341-5105-7

Ⅰ．①你… Ⅱ．①郑… ②赵… Ⅲ．①马铃薯叶甲－普及读物 Ⅳ．① S435.32-49

中国国家版本馆 CIP 数据核字（2023）第 065352 号

你不知道的超级入侵生物

马铃薯甲虫漂流记

主　　编　郑斯竹
绘　　画　赵器宇
参与编写　陈云芳　王建斌　邓凤艳　杨晓军　李　洋　高　渊　童明龙　李一冰

出版发行　浙江科学技术出版社
杭州市体育场路 347 号　邮政编码：310006
编辑部电话：0571-85152719　销售部电话：0571-85176040
网址：www.zkpress.com　E－mail：zkpress@zkpress.com

排　　版　杭州万方图书有限公司　印　　刷　浙江海虹彩色印务有限公司
开　　本　787 × 1092　1/16　印　　张　4.5
字　　数　100 千字
版　　次　2023 年 4 月第 1 版　印　　次　2023 年 4 月第 1 次印刷
书　　号　ISBN 978-7-5341-5105-7　定　　价　49.90 元

策划组稿　李羡然　责任编辑　李羡然　责任印务　吕　琰
责任校对　陈宇珊　责任美编　金　晖

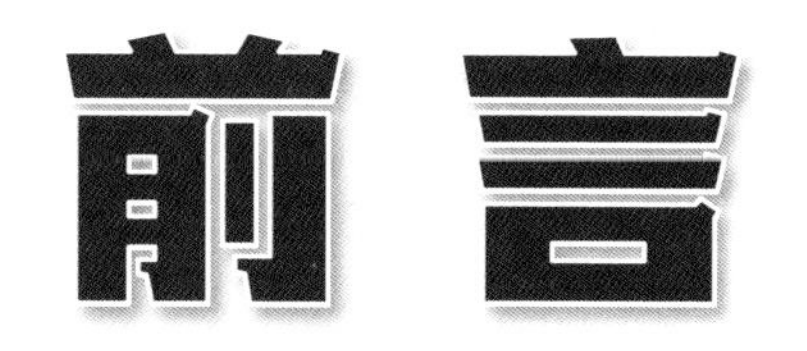

前言

世界上大多数生物赖以生存的环境，都是各个种群间长时间协同演化的结果。如温带海洋仰泳的翻车鱼、赤道草原奔袭的角马、南美沼泽匍匐前进的凯门鳄、亚马孙雨林盘结的森蚺等，它们占据着海洋、河道、森林或者沙漠中的某一处角落，在相对独立的生态环境中，受限于气候、地理、食物和天敌等因素，与周遭环境达成相对稳定的平衡状态。

可是由于人类活动的日益加剧，伴随着风暴、洋流和气候变化等自然现象的影响，大量的生物种群被迫迁居至未知的生态环境中。它们有的就此灭绝，有的却能凭借自身超强的适应能力演化成吞噬当地资源的入侵物种，继而引发生态灾难。

为了能够更加科学地应对这一系列以人类为中心的自然生态系统熵变，我们需要更加主动地去了解入侵物种的产生原因和传播方式。只有构建科学的生态观，才能将生物入侵的危害降至最低。

希望这本书能让你更加客观地
了解生物入侵途径
以及入侵生物的本质。

本书讲述了弱小而普通的马铃薯甲虫历尽艰辛，最终漂流成长为世界性入侵生物的故事。

“巴蒙德爷爷，为什么我们的名字中包含了植物的名称，和其他动物不一样？”一只刚**羽化***的马铃薯甲虫沮丧地挤在小伙伴中间，望向家族里年纪最大的巴蒙德爷爷。

“佛朗哥，我们可是来自遥远美洲大陆的古老甲虫家族！是人类世界里响当当的超级入侵生物，不要沮丧，你应该以此为荣！”

“我们家族竟然这么厉害！那我们为什么会到这里生活？您快给我们讲一讲！”

* 羽化：昆虫从蛹变成虫的过程称作羽化。

生物碱
长长的尖刺

很久很久以前，一只名叫玛莎的小甲虫和她的伙伴们蜗居在北美洲落基山东面的一片平原上。她们太弱小了，抢不到可口的食物，只能以长满尖刺又有毒的杂草——**刺萼龙葵***为食。

刺萼龙葵毫无营养，仅能充饥，玛莎和小伙伴的发育速度和产卵量跟其他种类的昆虫比起来都差了很多。

* 刺萼龙葵汁液里含有生物碱，会引发取食者肠道出血。但小甲虫体内的代谢酶可以分解生物碱。

一个初夏的午后，玛莎正躲在一片刺萼龙葵的叶片背后休息。

突然，草丛开始剧烈抖动，她吓得赶紧松开爪子，掉到地上装死——原来是一群北迁的野牛路过。

野牛的长毛钩住了那株刺萼龙葵表面的尖刺，将它连根拔起，连同玛莎刚刚在叶子上产下的卵一起带向了远方。

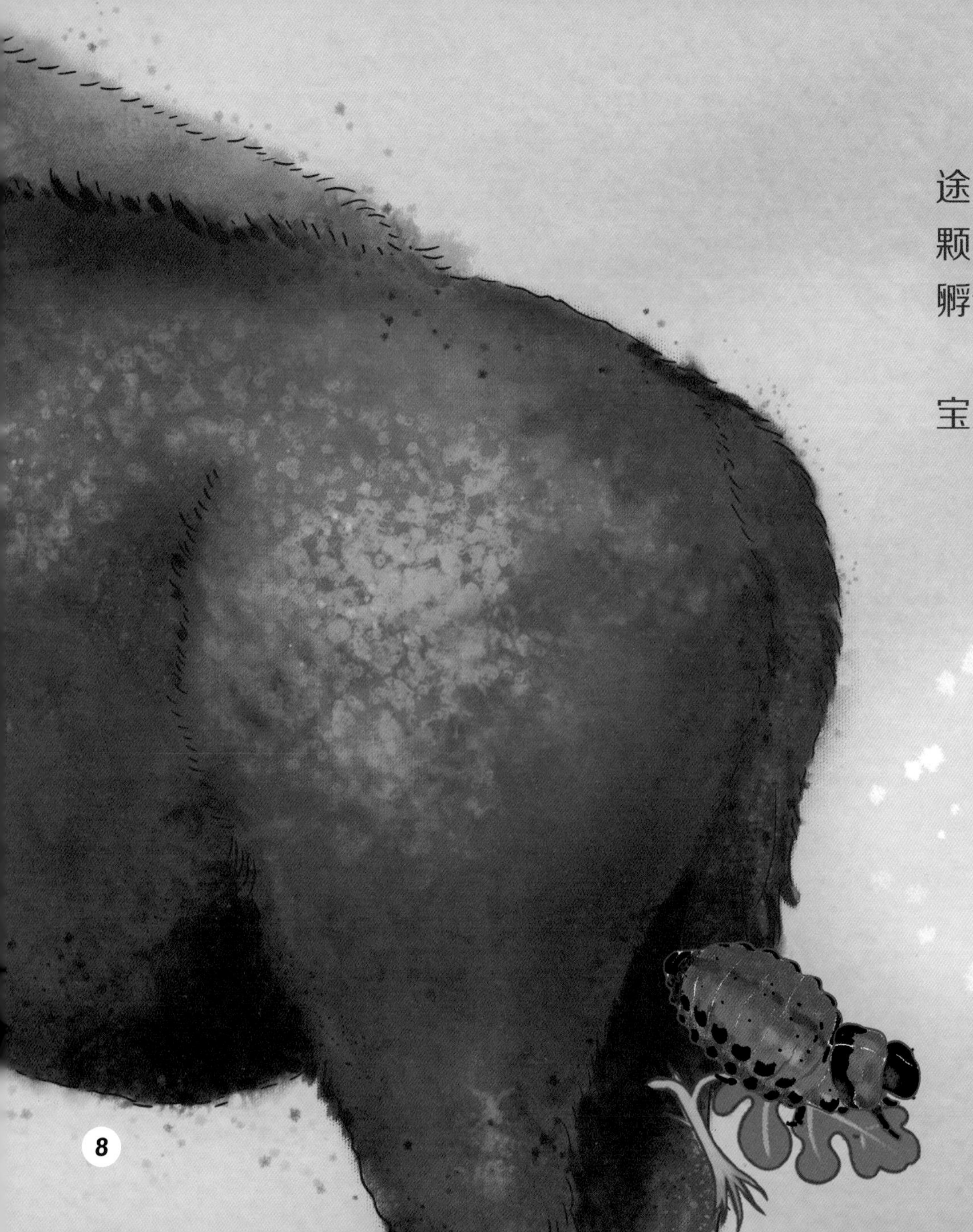

野牛群带着卵块一路向北，漫长的旅途中，有几颗虫卵被太阳晒干了，还有几颗落入鸟儿的腹中，只有3只幸运儿成功孵化。

“我们实在是太饿了！”新孵化的幼虫宝宝扭着滚落到草地上。

那边有食物!

新环境里没有刺萼龙葵！

小幼虫们拼命地呼吸着，她们在空气中搜寻到了独属于茄科植物的信号分子，“找到了！”

不远处是一株天仙子——一种她们从未见过的茄科植物。

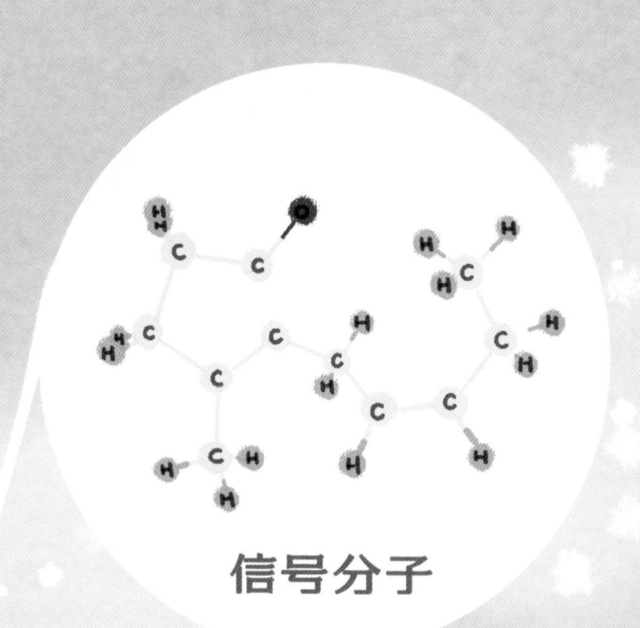

天仙子也不好吃，而且没营养，但玛莎的孩子们总算顺利羽化。

从落基山脉迁徙而来的马群也带来了一些同样的黄色小甲虫，两队甲虫在这片土地上组成了新家族。

蛹

羽化

成虫

交配

持续了数天的夏季大风突然造访，数十只毫无准备的小甲虫被吹上天空。

还有几只正巧跌落进在公路上飞驰的卡车中。

刚刚建立的小家族，再次四散分离。

时间过了一年又一年，我们的祖先们时而被风裹挟，时而被迁徙的牛群或马群带走，还搭乘了人类的便车。

流浪的旅途中，她们以各种难吃的茄科植物为食，艰难而顽强地活着，直到……

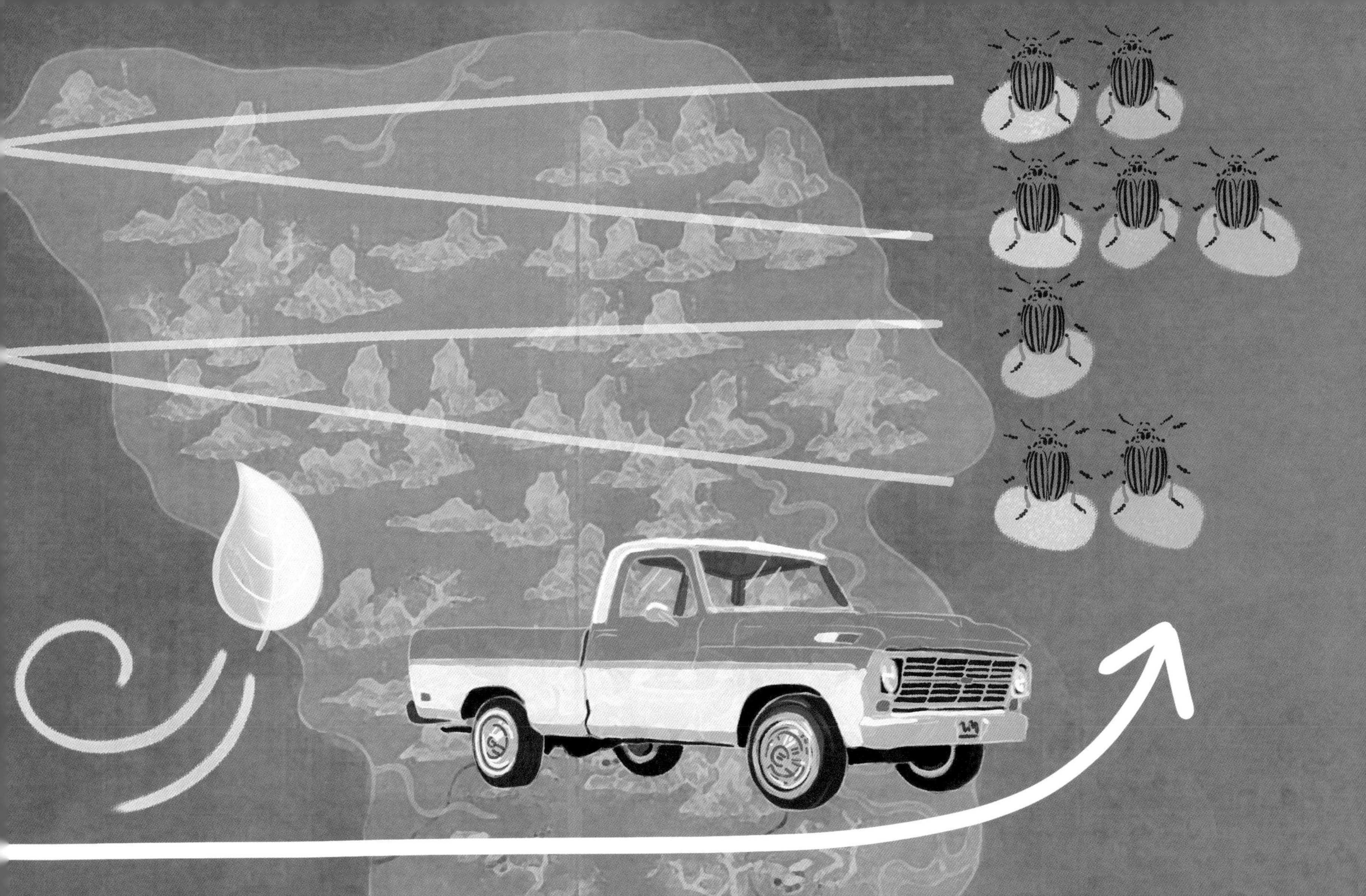

几年后　　　　又几年后

WELCOME TO
COLORFUL
COLORADO

1855年的一天，一辆长途跋涉的货车抵达美国科罗拉多州，车厢的夹缝中，一只名叫希尔多的小甲虫和她的几个伙伴已经因饥饿濒临死亡。

随着车厢的开启，充满新鲜茄科植物信号分子的空气一拥而入，唤醒了饥肠辘辘的甲虫乘客。

她们一头扎进一望无际的马铃薯田，开心地滚来滚去，“这是什么？实在太好吃了！”

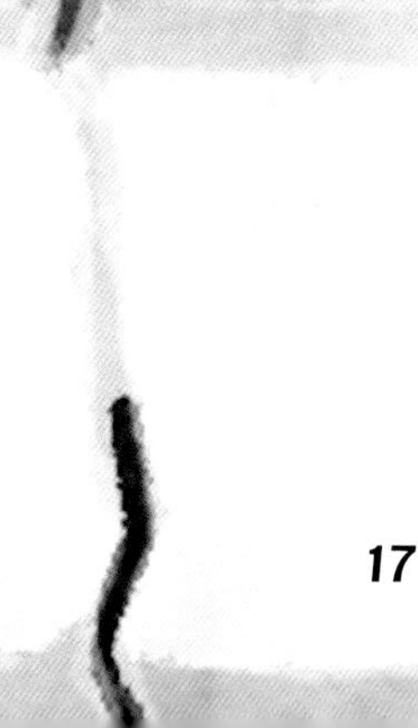

马铃薯富含淀粉、蛋白质、氨基酸、维生素、矿物质，各种营养物质应有尽有。

小甲虫的身体开始出现变化。

“我好像长得更快了！”

“我全身充满了力量！”

“天哪，我怎么产下这么多卵！比我以前一年里产的卵都多。”

希尔多和伙伴们在马铃薯田地里欢呼着。

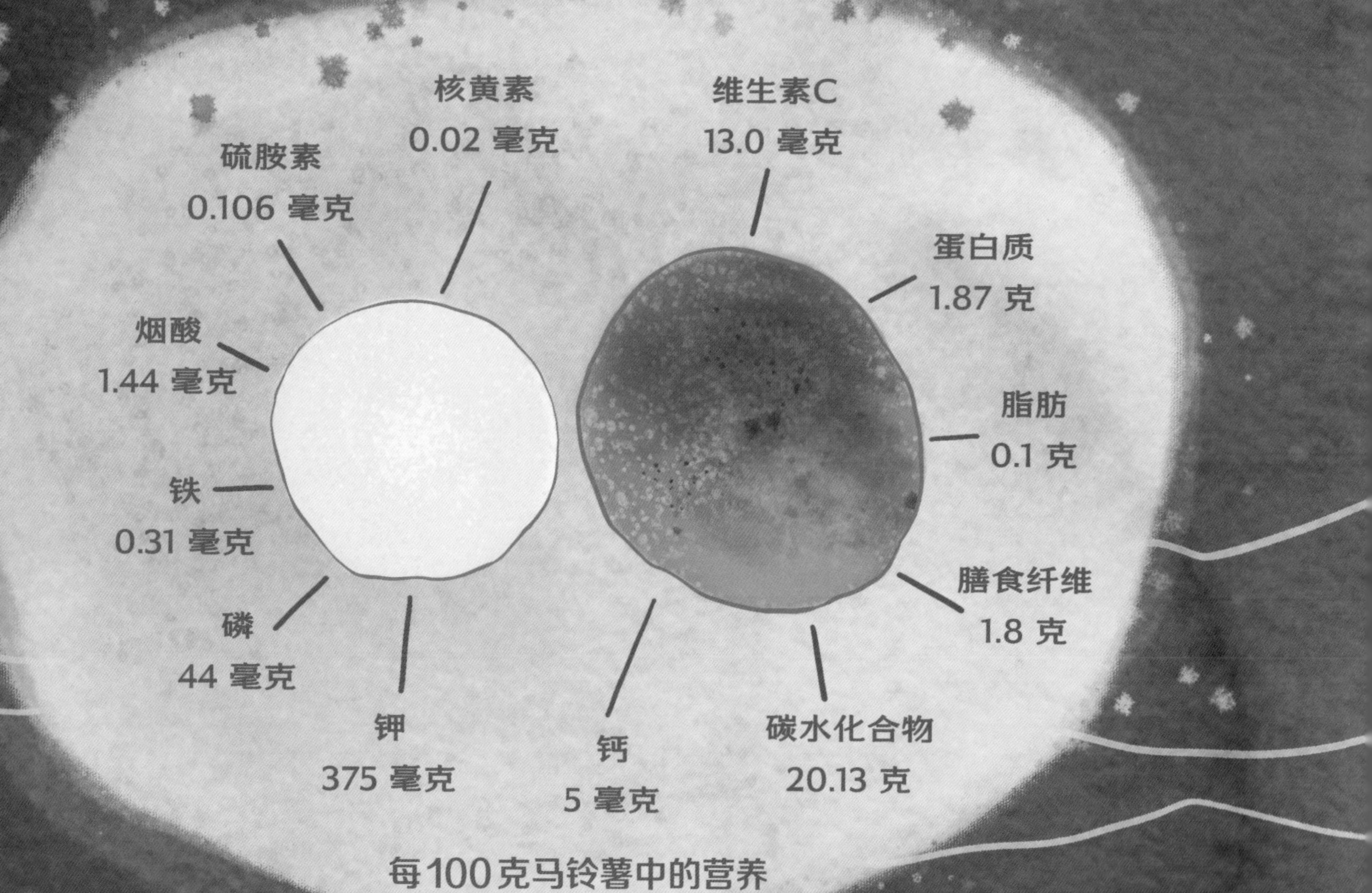
核黄素
0.02 毫克
维生素C
13.0 毫克
硫胺素
0.106 毫克
蛋白质
1.87 克
烟酸
1.44 毫克
脂肪
0.1 克
铁
0.31 毫克
膳食纤维
1.8 克
磷
44 毫克
钾
375 毫克
钙
5 毫克
碳水化合物
20.13 克
每100克马铃薯中的营养

这里没有天敌，食物数量充足且营养丰富，“谁也别想把我们从马铃薯身边带走！”

希尔多一边叫嚷，一边拼命地吃吃吃。

她的孩子越生越多，孩子的孩子更是不计其数。

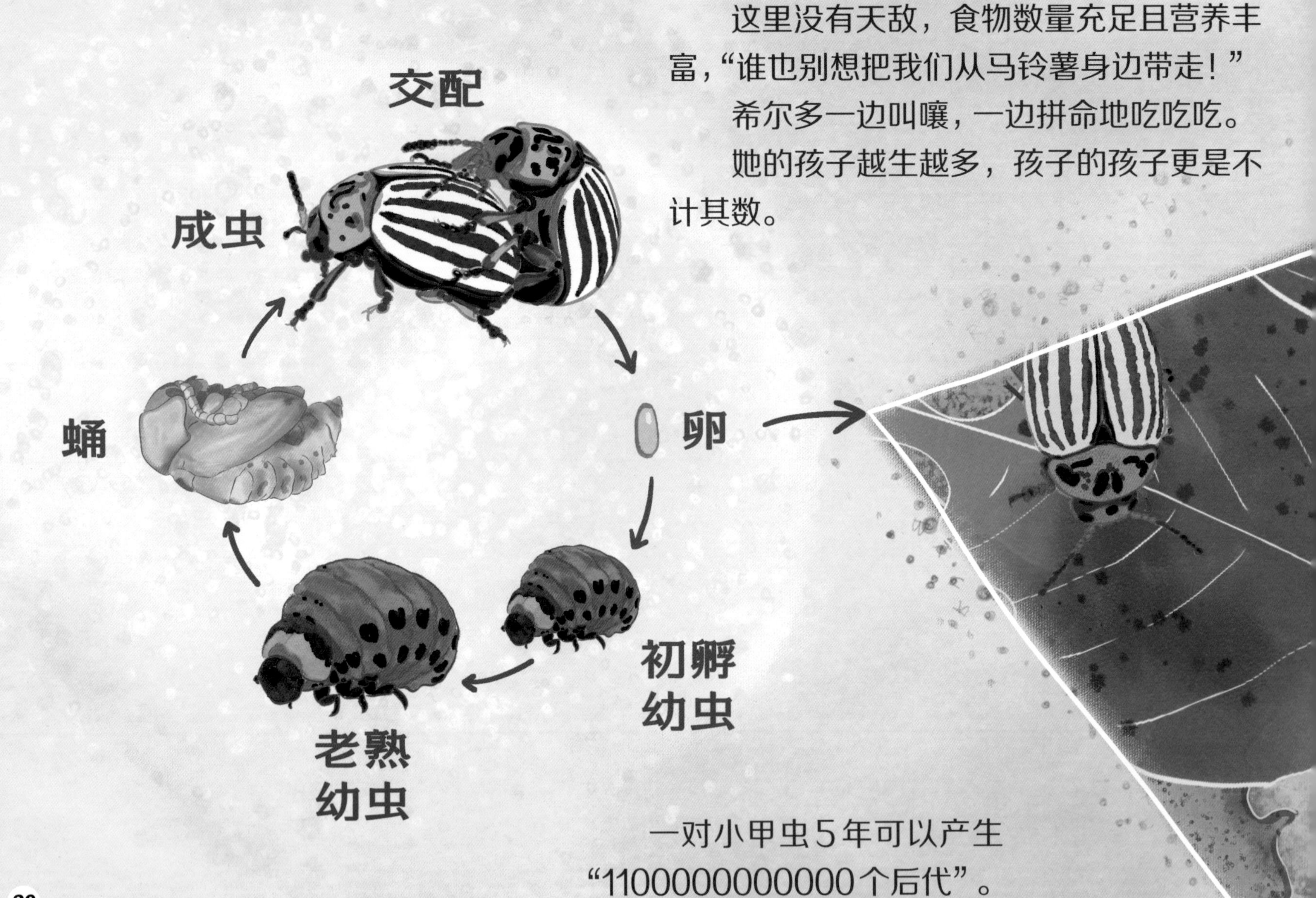

一对小甲虫5年可以产生“110000000000个后代”。

马铃薯的叶片被吃光了，根茎也被吃光了，受伤的马铃薯迅速打开了属于茄科植物的防御系统，生物碱的浓度开始成倍提升。

可马铃薯并不知道，小甲虫具有分解生物碱的超能力，防御系统被轻松破解，马铃薯损失惨重，吃了马铃薯的人类却出现了“生物碱中毒”的症状。

马铃薯的种植者——人类，终于将目光投向这些布满了马铃薯叶片、根茎上的小甲虫，还给她们起了一个人类世界的名字——马铃薯甲虫。

为了保护辛苦种植的食物，人类开始了针对马铃薯甲虫的“清除计划”，最常用于根除害虫的方法**轮作***率先上场。

第一年

* 轮作：轮作（crop rotation）指在同一田块上有顺序地在季节间和年度间轮换种植不同作物或复种组合的种植方式，用以消灭或减少病虫害在土壤中的数量。

人类将马铃薯收割干净，在田野上种满了玉米和大豆，当马铃薯甲虫全部饿死后，再重新栽种马铃薯。希尔多建立起的家族面临覆灭。

第二年

成虫在土深 7.6 ～ 12.7 厘米处越冬。

可当马铃薯再次布满田野，两只不小心睡了一年的马铃薯甲虫莎尔拉和托雷斯悄悄爬上地面，这次偶然的超长滞育*让她们刚好躲过了轮作。

莎尔拉和托雷斯又开始大吃特吃了，还将她们超长的睡眠能力毫无保留地遗传给了下一代。

尽管人类不断地延长田间轮作的时间，却总有更嗜睡的小甲虫脱颖而出。

科学家们甚至发现：最厉害的马铃薯甲虫可以在土壤中滞育9年。

超长的滞育能力让轮作失去了作用。

*滞育：类似于动物的冬眠，是昆虫对抗不利生存环境的一种生活史对策。当昆虫遇到不适合的环境时就会中止自己的生长发育或者繁殖，等到最有利于昆虫取食和繁殖的时机出现时，再重新生长发育或繁殖。

第二个方法是使用杀虫剂。在莎尔拉和托雷斯的惊呼中，甲虫家族的成员们连同田野里的其他昆虫很快死亡。

“怎么办？”甲虫们乱作一团，“也许我们可以尝试分解它！”托雷斯喊道。

甲虫们体内的“代谢酶”都加速运转起来，但杀虫剂的杀伤力实在太强大，甲虫们纷纷倒地。

关键时刻，有几只甲虫利用“代谢酶”分解了杀虫剂。

幸存者迅速将杀虫剂的代谢物排出体外，还将分解杀虫剂的能力刻进了基因，于是，莎尔拉和托雷斯的后代们又拥有了新能力。

1倍杀虫剂

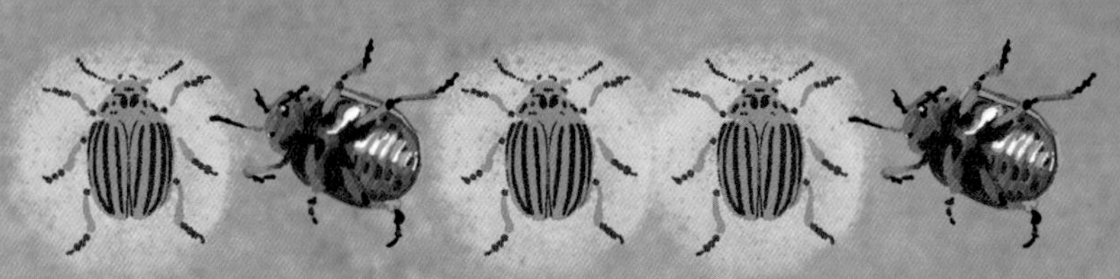

2倍杀虫剂

10倍杀虫剂

⋮

超级抗药个体

100倍杀虫剂

人类不断增加杀虫剂的剂量，甲虫家族的“分解力”也跟着奋力进化，一倍、两倍……一百倍，超高浓度杀虫剂将马铃薯甲虫塑造成了

超级抗药体。

抗药性会成为一个稳定的性状遗传给后代，于是形成了一群超级抗药的马铃薯甲虫。

在无人注意的田野一隅，一辆满载马铃薯的货车即将启程，可是司机并没有发现这些马铃薯中间夹带了几只“不速之客”，莎尔拉和托雷斯的孩子们再次踏上旅途，只是这一次的她们已经拥有了“超长滞育”和“超级抗药”两项保命技能。

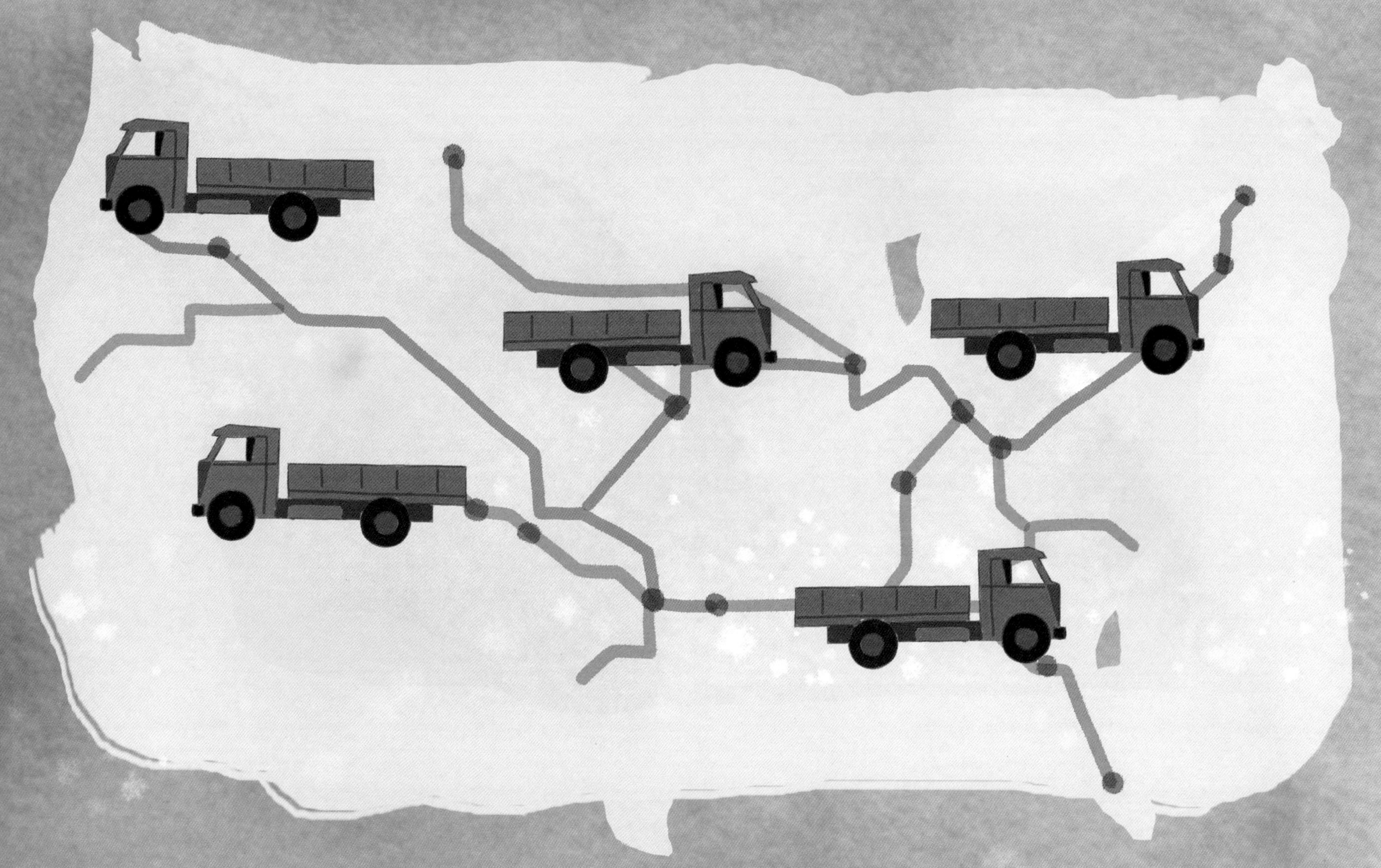

这次的旅途更加漫长，从1860年至1880年，马铃薯甲虫搭乘人类的顺风车，踏遍了美国400万平方千米的土地，占领了美国所有的马铃薯产区，她们贪吃的名声甚至传到了欧洲。

马铃薯甲虫还被带上了横跨大西洋的货轮，她们在海上九死一生，1877年，莎尔拉和托雷斯的后代终于成功登陆英国海港——利物浦。

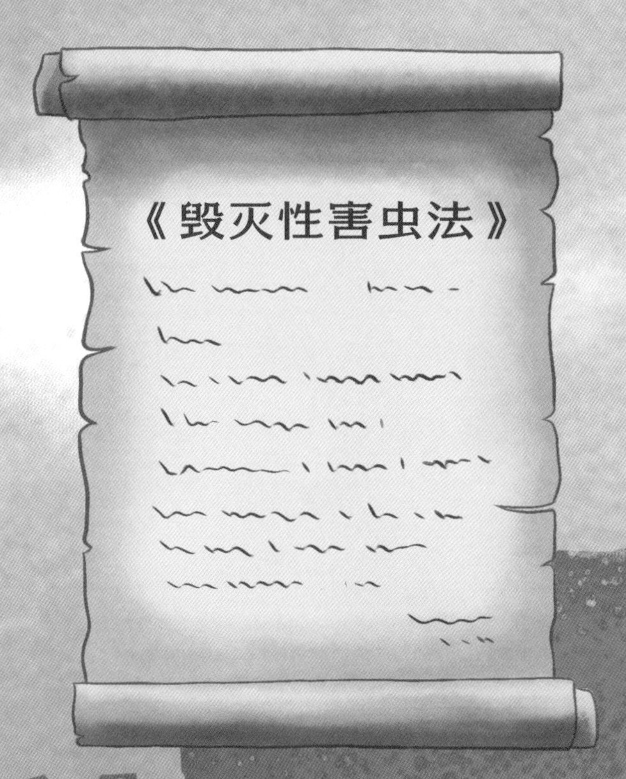

不过此时，同样是马铃薯种植大国的英国，早已在港口布下天罗地网，深切感受过外来有害生物危害*的英国人对这批“马铃薯毁灭者”采取了最严厉的防控措施。

英国政府为了防控马铃薯甲虫颁布了世界上第一部植物检疫法规——《毁灭性害虫法》。

* 外来有害生物危害：这里指南美传到英国的马铃薯晚疫病，曾造成爱尔兰马铃薯绝产，引发爱尔兰大饥荒，饿死 100 余万人。

英国人意识到“人为传播”才是马铃薯甲虫扩散的根源，于是将马铃薯甲虫的照片和危害做成海报，贴满全境的公共橱窗、警察局、邮局、学校和公共图书馆，政府还鼓励市民寻找、捕捉马铃薯甲虫，并在广播、电视和报纸上宣传市民们防范生物入侵的事迹。

英国凭借人海战术成功成为第一个根除马铃薯甲虫的国家并保持到现在。

TELEVISION STORE
OPEN

遗憾的是，不是所有的国家都有英国的决心和幸运。

1918 年，马铃薯甲虫再次登陆欧洲，这次她们由法国上岸，之后是西班牙、比利时、德国、瑞士、荷兰、意大利、波兰、乌克兰和俄罗斯。

马铃薯甲虫跟随人类的足迹不停漂流，从富饶的草原到湍急的河流，从丰收的农田到寒冷的荒原，她们一面应对人类的围剿，一面在所有马铃薯产区扎根。

栽培茄科植物

野生茄科植物

这次的漂流更加漫长，马铃薯甲虫拼尽全力适应各种陌生的环境，将各种保命技能修炼到极致，她们的食谱从最初只能吃刺萼龙葵扩充到20余种栽培和野生的茄科植物，飞行距离更是达到了200米，她们再也不会因为找不到食物而饿死。

200米

交配

成虫

蛹

30天

卵

初孵
幼虫

老熟
幼虫

美国

7.6~12.7厘米

在美国适宜的气候条件下，马铃薯甲虫完成一个需要30天发育周期，冬季在地下7.6~12.7厘米处越冬。

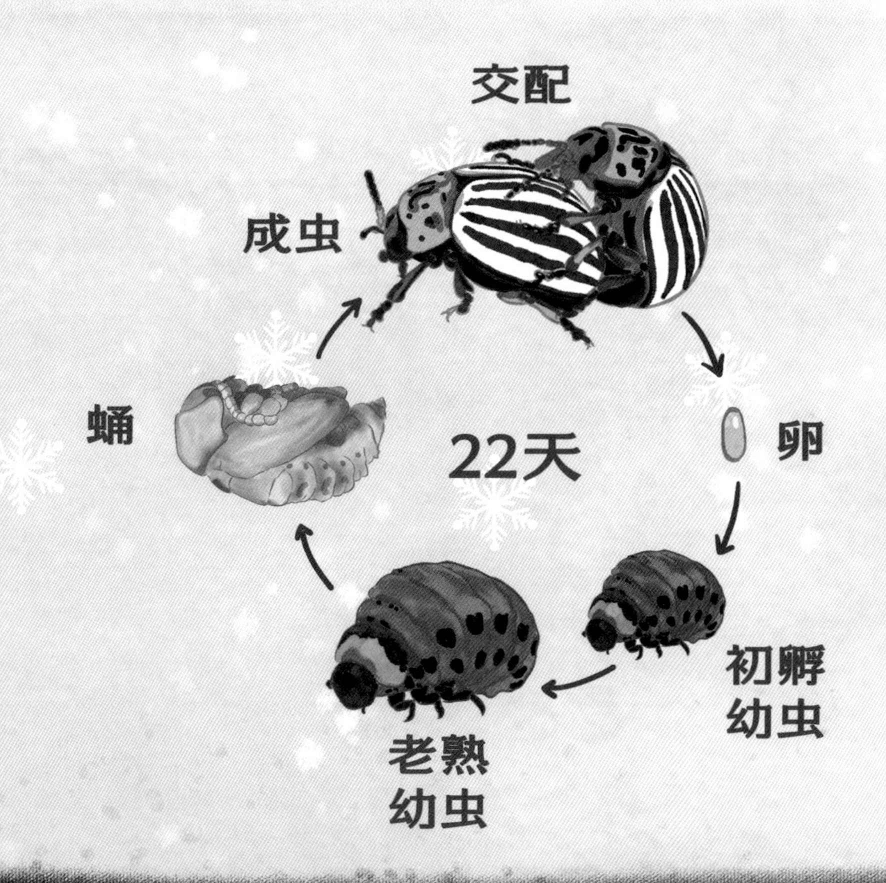

西伯利亚

被运输到俄罗斯西伯利亚的马铃薯甲虫将发育周期缩短到22天，以适应这里短暂的夏季，她们还进化出更强壮的体格，帮助她们挖掘到地下60厘米深处滞育，以躲避西伯利亚地区漫长寒冷的冬季。

人类仍在持续发明更多类型的杀虫剂来防治马铃薯甲虫，但这些新型的杀虫剂在使用2年甚至1年后，她们就会再次适应。

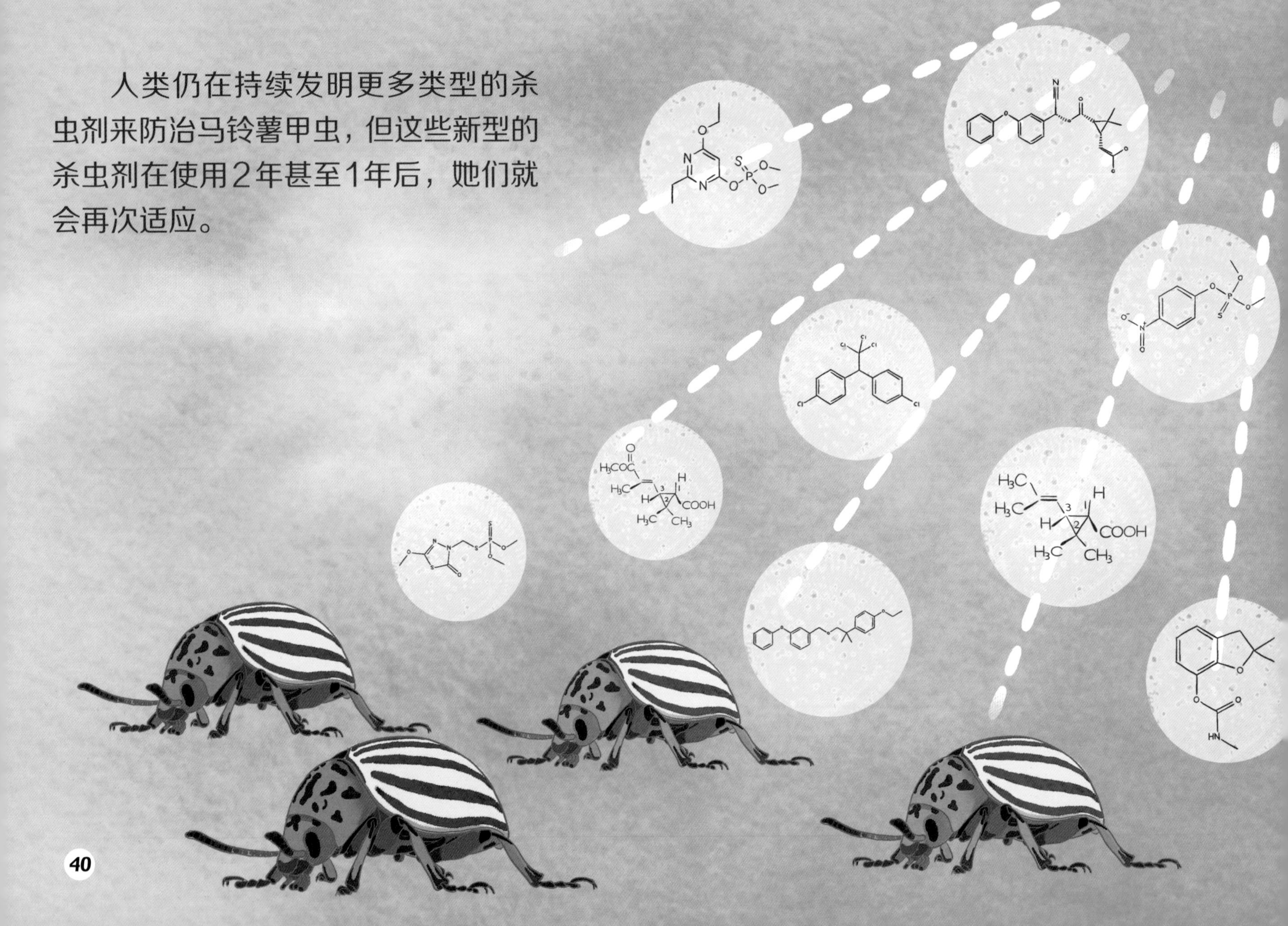

科学家还试图从自然界中寻找马铃薯甲虫的天敌昆虫，但几乎没有天敌昆虫会像马铃薯甲虫一样可以在任何恶劣环境中生存。

马铃薯甲虫体内的“毒蛋白”还会让所有的捕食者呕吐，从此对她们敬而远之。

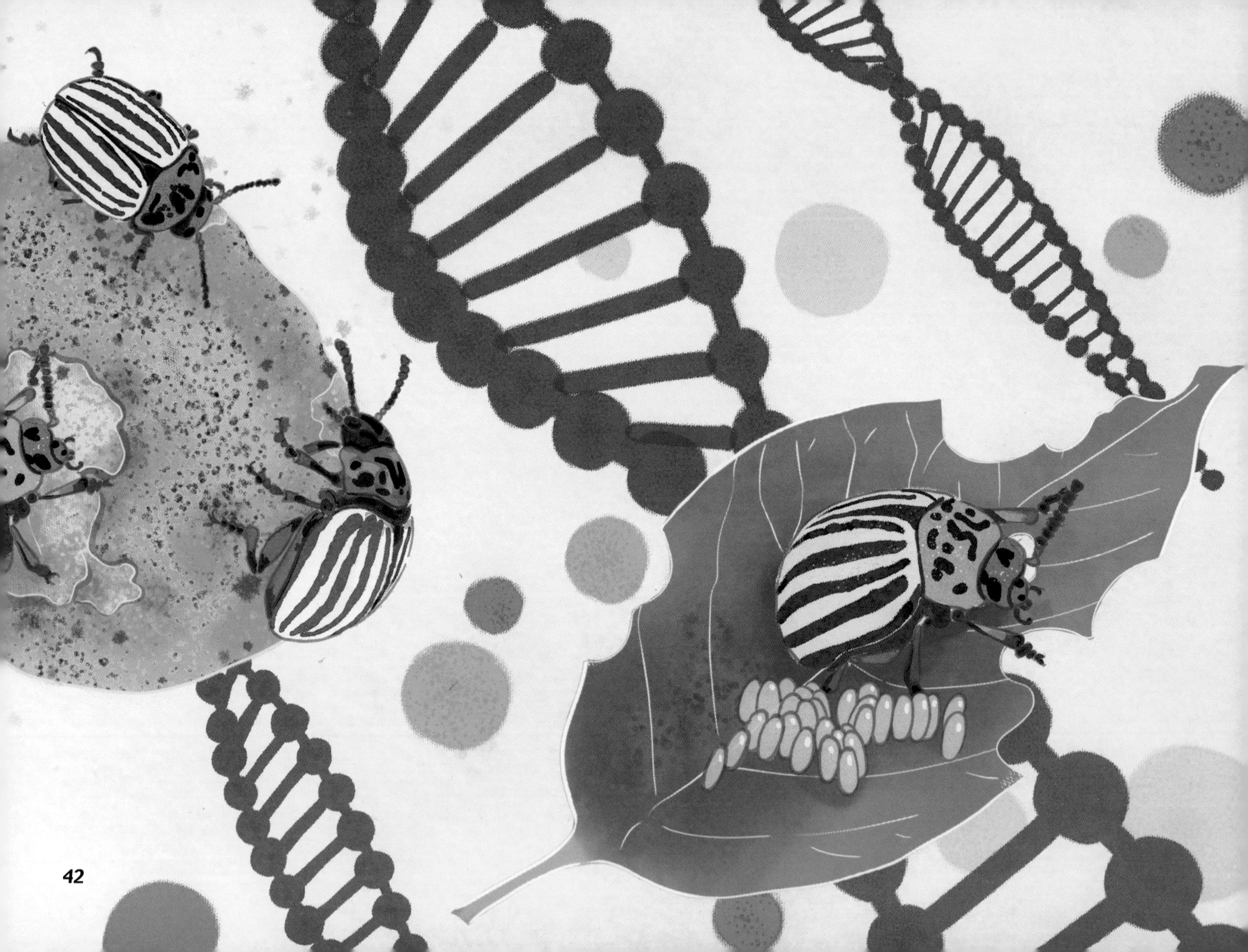

强壮

毒蛋白含量更高

抗寒

飞行能力强

爱吃番茄

穿越荆棘森林，活下来的终成强者。

经历了百余年漫长无依的漂流后，马铃薯甲虫终于演化成为最强入侵生物之一。

而推动这一切进化的源动力就是人类的交通工具，“帮助”她们与马铃薯相遇，而后，取食马铃薯后的马铃薯甲虫产卵量大幅提高。

嗅觉灵敏

繁殖力强

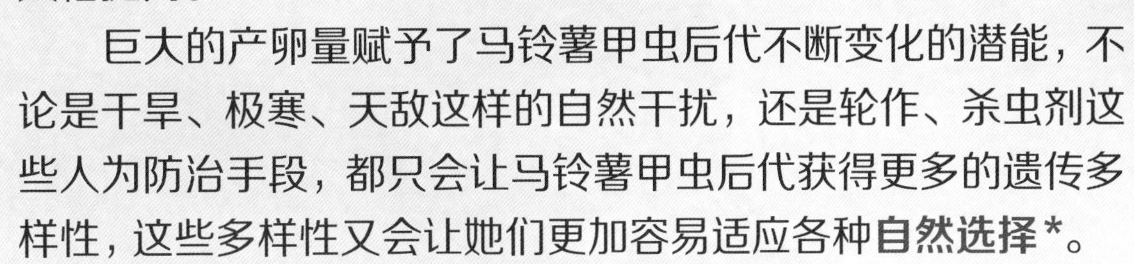
巨大的产卵量赋予了马铃薯甲虫后代不断变化的潜能，不论是干旱、极寒、天敌这样的自然干扰，还是轮作、杀虫剂这些人为防治手段，都只会让马铃薯甲虫后代获得更多的遗传多样性，这些多样性又会让她们更加容易适应各种**自然选择***。

爱吃白菜

爱吃茄子

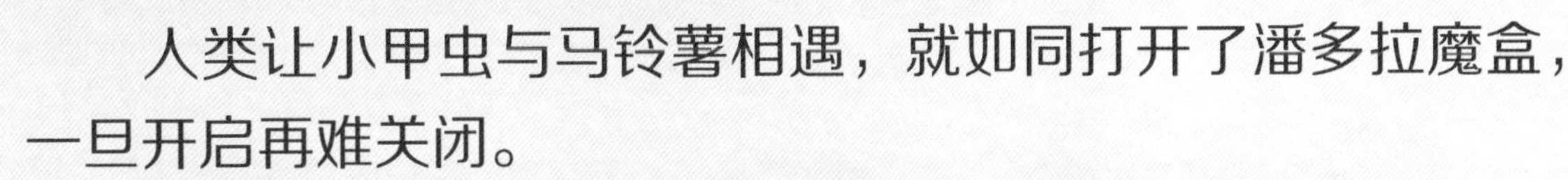
人类让小甲虫与马铃薯相遇，就如同打开了潘多拉魔盒，一旦开启再难关闭。

* 自然选择：指生物在生存斗争中适者生存、不适者被淘汰的现象。

能挖洞

能睡觉

抗杀虫剂

代谢快

抗旱

1993年，莎尔拉和托雷斯的后代终于辗转漂流到了中国，她们翻越了中国与哈萨克斯坦的边境，进入了富饶的新疆伊犁河谷。

适宜的气候、丰富的物产和一望无际的马铃薯田让她们流连忘返，她们看中了这片土地，开始盘踞在马铃薯田里大快朵颐。

大量的马铃薯被蚕食殆尽，伊犁河谷因马铃薯甲虫的到来损失惨重。

中国政府迅速采取各种措施：要求所有和马铃薯相关的农产品运输都要先检疫，检查是否混有马铃薯甲虫，以防止马铃薯甲虫被人为传播。

但已经成为“超级入侵生物”的马铃薯甲虫们早不似当初那么脆弱，她们有时靠自身飞行，有时随着河流、季风漂游，她们用了不到20年的时间就在新疆36个县的马铃薯产区扎根。

超级马铃薯甲虫

2005年，几只在新疆流浪的马铃薯甲虫误入了一处半荒漠地区，在这里她们遇见了当年在北美洲落基山脉中的伙伴。
我们迷路了！佛朗哥，这里连草都没有几棵，我们会不会饿死呀？
可是刺萼龙葵生长在北美洲，怎么会出现在这片戈壁滩？
你们快看，那里有一丛杂草，好像爷爷说的刺萼龙葵啊！

我是你们的老朋友刺萼龙葵，我现在可是大名鼎鼎的入侵生物，听说你们也被列入了人类的清剿名单，不过不用害怕，今后我们继续合作，人类别想阻止我们征服世界。

从1855年到2021年，从美国到中国，马铃薯甲虫的足迹遍布北美洲、欧洲、亚洲和非洲40多个国家，从名不见经传变成了世界有名的超级入侵生物，被41个国家、地区列为禁止入境的检疫性有害生物，并且逐渐脱离了人类的控制。可是究竟是谁造成这一切的呢？我们是应该责怪马铃薯甲虫还是责怪帮助她们传播的人类？

令人遗憾的是，尽管我国一直努力抵御马铃薯甲虫的入侵，但自2014年起，与我国接壤的俄罗斯远东滨海地区成功被马铃薯甲虫定殖，季风不断地将马铃薯甲虫吹向我国境内，这场抵御外来生物的战争还在持续，输赢仍未知。

“那我们就是莎尔拉和托雷斯的后代？”

“是啊！佛朗哥，我们的家族现在可是赫赫有名的入侵生物，现在只是天山山脉让我们无法通行，但只要人类放松警惕，再次让我们乘坐上他们的交通工具，那么……”

“嗯嗯！”佛朗哥兴奋地喊道，“人类什么时候会放松警惕啊？我们还要等很久吗？”

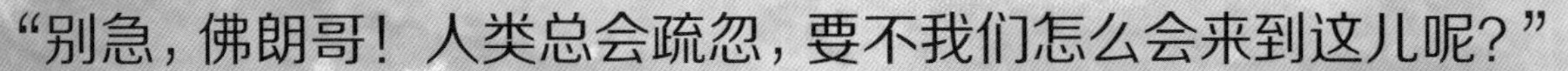

“别急，佛朗哥！人类总会疏忽，要不我们怎么会来到这儿呢？”

故事背后的科学

生态平衡与生物入侵

生态系统中的各种生物相互合作、相互制约又相互依存。捕食者和食物间互为因果，此消彼长，从而将生态系统维持在一个平衡状态。这种平衡是自然界在亿万年进化历程中形成的，具有一定自我调节和控制能力，只要外界干扰不过分严重，系统都可以通过自我调节修复。

当外界压力过大，超过了系统的自我调节能力，系统的调节能力就会下降，甚至消失，从而导致整个系统结构破坏，系统中的每个生物都会受到影响，轻则种群数量减少，重则物种灭绝。

生物入侵是指通过捕食、挤占生存空间等方式，直接影响被入侵地生态系统中的生物，从而挤压整个被入侵地生态系统，造成系统失衡，失去自我调节能力。

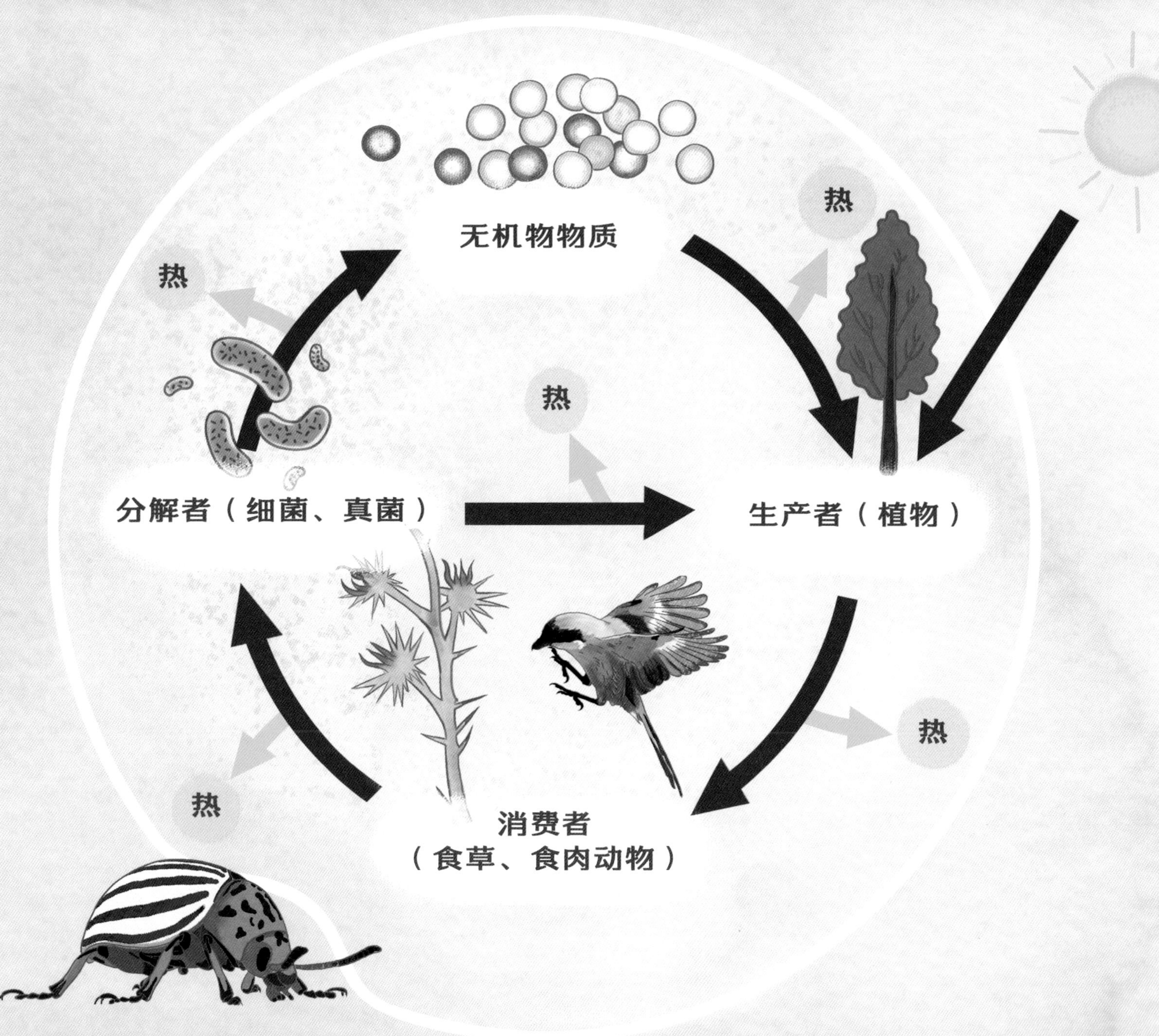
无机物物质
热
热
热
分解者（细菌、真菌）
生产者（植物）
热
热
消费者
（食草、食肉动物）

成为超级入侵生物的方法

1. 突破自身分布范围的边界

成为入侵生物的第一步就是要离开自己的栖息地，进入新的生态系统。依靠自然条件传播的生物迁移距离短、速度慢。入侵生物的长距离传播大多跟随人类活动，尤其是汽车、飞机、货轮等交通工具的发明，让生物跨洲、跨洋迁移成为常态。

入侵生物紫荆泽兰的种子非常轻，1000 粒只有 0.04 克，可以轻易地随风传播。

入侵生物传播主要有**自然传播**和**人为传播**两种方式。

自然传播是指通过风媒、水体流动或由昆虫、鸟类的传带，植物种子或动物幼虫、卵或微生物发生自然迁移。

人为传播是指入侵生物跟随人类活动进行远距离的传播，既包括人类无意识的携带，也包括有意识的引种。

入侵生物亚洲鲤鱼通过水系传播。

2. 比本地物种更好地利用当地资源

当外来物种到达新的生态系统后，只有比当地动植物更好地利用生存资源才能攻入当地的生态系统，否则就会被本地的生态系统吞噬。能成为入侵生物的往往都有过人的本领：

大部分的入侵植物会通过分泌化感物质等方式抑制周边植物生长，强势争夺入侵地的肥、水、阳光和空间，最后本地植物会因缺乏生存空间大量死亡。

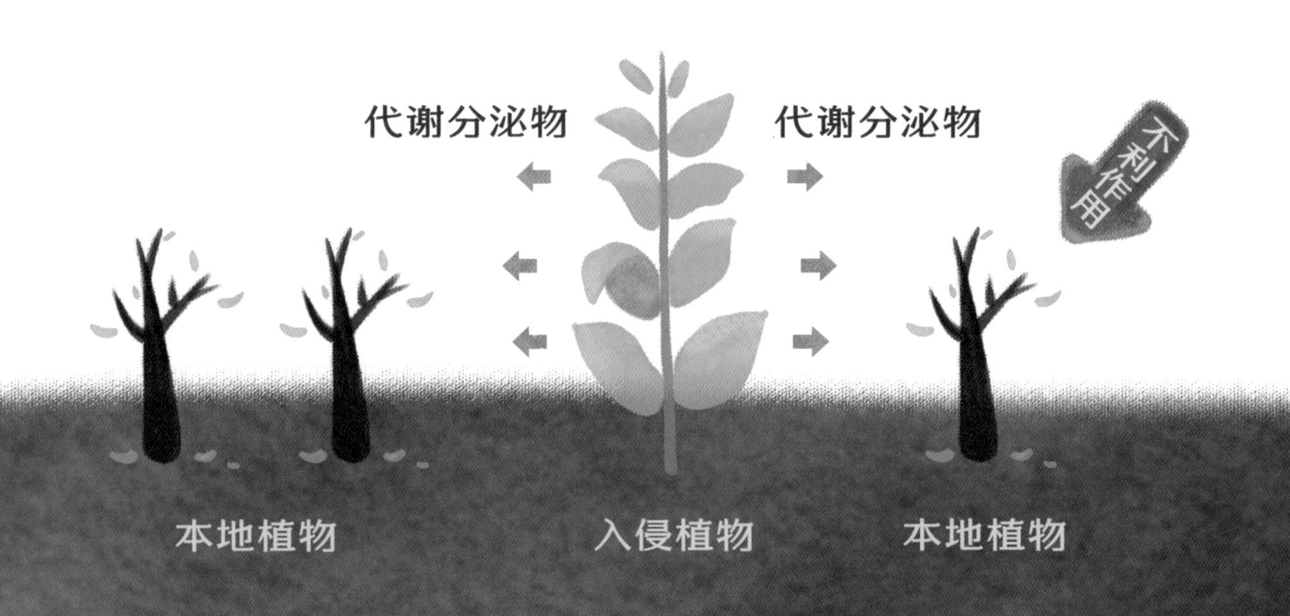

入侵动物往往食谱广泛，捕食能力也强，这会导致被入侵地内生态位相似的物种因食物短缺而消亡。

从美洲引入中国的牛蛙和普通青蛙相比，体型上具有压倒性优势，且食谱广泛，在20世纪80年代曾导致了滇螈和无声囊棘蛙的灭绝。

3. 生存策略选择

入侵生物在生殖上大都采用“**r-** 策略”，即超强的繁殖力。繁殖力越强，后代数量越大，遗传变异就大，后代的基因丰富度就越高，对抗各种不利环境影响的能力也就越强。马铃薯甲虫就是一个最好的例子，它们可以适应各种自然、地理环境及人为干扰，而其天敌却无法异地存活，这就造成人类至今无法通过引进天敌的方式来防治马铃薯甲虫。

r-K 选择理论：生物为应对生态环境对自己的影响进化出两种生殖策略，即 **r-** 策略和 **K-** 策略。

r- 策略：选择 **r-** 策略的生物往往体型较小、寿命较短，但却能快速发育，拥有超高的生殖能力。单次生殖的后代数量大，遗传变异就大，无论环境多么恶劣，它们都能靠着基数大和生长快，用拼概率的方式，筛选出少数个体去适应各种环境。

r- 策略者往往能够拥有更加广阔的生存空间，细菌、很多海洋鱼类、昆虫、各种蕨类和低等的动植物都是 **r-** 策略者。在地球演变的初期，环境极端不稳定，所以那个时候的生物基本都是 **r-** 策略者，这样更容易保证自己的种群和基因可以更大可能的存留。

K- 策略：用一个简单的词汇概况 **K-** 策略就是少生优生。**r-** 策略有一个短板，那就是对资源的消耗非常大。当生态环境稳定，生物们不再有突然灭绝的危险时，**K-** 策略开始被生物们选择。选择 **K-** 策略的生物虽然失去了超强的繁殖力，却因为体型变大获得了较长的寿命和较强的调节功能，竞争能力也随之增强。人类及大型哺乳动物都是典型的 **K-** 策略者。

如果达成上述三个条件，那么外来生物就会成为超级入侵生物。

超级马铃薯甲虫

如果说“比本地物种更好地利用当地资源”和“生存策略选择”是生物自身的特质，那么成为入侵生物的第一步“突破自身分布范围的边界”却大多由人类造成，“入侵生物”其实是人类创造的苦果。时至今日，人类早已明白控制入侵生物的本质就是控制人类活动，在经济高速发展的今天，控制人类活动并不现实。但英国对马铃薯甲虫的政策仍给我们以启示，只要我们加深对入侵生物的认识，合理采取管控措施，生物入侵是可以被控制的。

真实世界的主人公

马铃薯甲虫

马铃薯甲虫成虫长约10毫米。橘黄色，头、胸部和腹面散布大小不同的黑斑，每鞘翅上有5个黑色纵条纹。成虫们在地下越冬。春季时雌虫在叶背面产卵，每头雌虫平均可产卵300～500粒。主要为害马铃薯、番茄、茄子、辣椒、烟草等茄科植物，但最喜欢的还是马铃薯，一般可造成马铃薯减产30%~50%，最高可达90%。

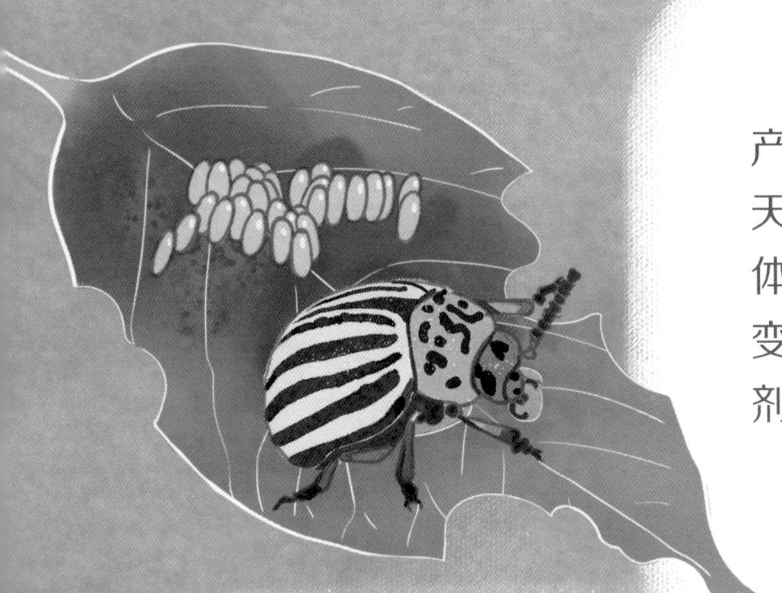

马铃薯甲虫是一种世界性入侵有害生物，体内可产生马铃薯甲虫毒蛋白(一种神经毒素)，保护它免受天敌捕食，还可以通过诱导解毒酶，减少杀虫剂对身体的渗透，或者增加杀虫剂排泄、体内基因靶位点突变，降低其敏感性。目前马铃薯甲虫已对数百种杀虫剂产生了抗药性。

马铃薯甲虫以人为传播为主，来自疫区的薯块、水果、蔬菜、原木及包装材料和运输工具，都有可能携带传播。它的自身传播扩散主要是通过风、气流和水流等途径。在越冬区成虫出土后，若遇到10米/秒以上的大风，16天就可扩散到100千米以外的地区。

刺萼龙葵

刺萼龙葵原产于北美洲，高约80厘米，全株密布硬刺且有毒。其对环境的适应性特别强，耐瘠薄、干旱，在自然环境中的竞争能力强，可严重抑制其他植物生长，严重破坏被入侵地的生物多样性；果实含有神经毒素茄碱，家畜误食后会引发严重的肠炎和出血，甚至死亡；同时还可以传播马铃薯甲虫和马铃薯卷叶病毒等有害生物。

传播方式：刺萼龙葵仅由种子传播，种子通过风力、水流扩散，也可通过农产品调运、交通运输工具和动物的毛皮及人的衣服携带等途径传播。成熟时，植株主茎近地面处断裂，断裂的植株像风滚草一样地滚动，每棵植株可将约8500颗种子传播到很远。

分布：刺萼龙葵在美国、加拿大、墨西哥、俄罗斯、韩国、孟加拉国、奥地利、南非、澳大利亚等多个国家和地区均有分布。2016年12月12日，其被中华人民共和国生态环境部列入第四批外来入侵物种名单。